Puzzle 1

		5			9		7	
	8		3		2		1	9
					5			
9		8	4			6		
					9	2		
5	6				3	8	4	7
	1		2	8				
	5		6		4	1	9	2
		4	5		1			6

Puzzle 2

	8					5	4	
		9	3				8	7
		8						
	8							
				6		7		5
		4	9					
3							7	6
	2	6	4				9	3
	4			1	3	8	5	

Puzzle 3

5	3				6	7	2	
9	8		7	2	3	6		
	7				9			3
	6	9					7	1
			1	2				8
		8			1	3	9	7
		7		9	8			
3	9		4		5	1		

Puzzle 4

			4				3	
	1				8			
			1			8	9	5
7	5	1				3	8	
9		3	5	8			2	
	8				3			
	7				5	9		
		8	6	7				
1		2					4	8

Puzzle 5

				1	8			
5	8	4		7	2	3	9	
		8	4					6
		5		3		4		
3		6		8			5	2
	2				4			7
		5	6					
					3			

Puzzle 6

6	3		9	2				7
					7		2	
8		2			5		1	
	9				3			
		2			4		6	
7	1	4		6	9	2	8	3
	7	3						2
						8	3	6

Puzzle 1

	3	6	1		5	2	7	
1	4		3			8		
2	5		7	8	6		4	
	2		8	3				6
4			5		7	3		
		1		2	9			8
9		4				6	1	
6						5		
5							3	

Puzzle 2

	2	3	1			7		8
	9				5			
			8			9	3	2
1		2		5				3
3			7		9	1		
9				2		4		
							8	9
2			5				7	1
7	3	8	9		2		4	

Puzzle 3

	8	6		7			1	
		1			2			
					3	9		
8					4	2		
5					9			1
			8		4			
7		2			6			
	5	9						4
	3		1	9	5			

Puzzle 4

4								
	9							2
				9	5	6	3	4
9			6				2	3
	3		2				5	6
8				7				9
6		7		3		5		1
			9					7
3					6	2		8

Puzzle 5

				4	5		1	
			8	2	9	7		
				5		8		
4	3		5					2
			4		1		5	9
		9		2			6	7
5	6		2	4	3		9	
	4					6		
	9						4	5

Puzzle 6

			6	3	8		1	
4		1		9	5		8	6
6	8			1		9		
	4		8					
	2				6			
		5				2		
	9					1		4
8	1	2		7				3
7				6			2	

Grid 1

		7	6		5		2	
					1			
		4					7	1
	9		7					
8		1		3		5	6	
3		2				9	4	
			9	4		2		
				1				
		3				1		

Grid 2

			7			6		
			3	1				5
	5	2		7			6	
4				5				
						6		3
					9		8	
		9		2	1	5		4
			4	3		8	2	
3	2					1		

Grid 3

	5							
	2		5			6	1	
1		9	6	3		5		4
			8			7		
3				9				
						1	6	8
								5
8			2					
9		4			1	8		

Grid 4

1	5				9		8	
2		8					3	5
				3				
	6				2		8	
					5	3	4	
			8	4				2
		1						
5	9	6						
		7	1				2	9

Grid 5

5				2				
	2		4				8	5
	1			5	9			
	7	2			3	6	1	
1				4		8		
9	3				2	7		
					4			
		5	3			2	7	
				9				

Grid 6

	8			9			3	
			5				1	9
		5	4					
2				1			8	
4	7							3
					9			6
	9		7	2	6			
6	1			8	4			
			1				6	2

Grid 1

1	8			2			6	5
2				4	1			
5								1
			4	7				
			2	3		6		
	6				9			
7	3			5			2	
						5		7
8	2						4	3

Grid 2

4					8	6		1
1		6	3				5	
		3				7	4	2
		8	1	2	7	5		
7				5			8	
5						1		
6			9					3
		5	8				1	9
		1			2		6	5

Grid 3

4			3	5				1
			1	4	2	6		
	7				4			
8	1		2	6				
		6	5					2
	3		1	4				6
9		2						
3		7		9	5			4
	6			2		9		

Grid 4

4						3		6
							8	
9	1				4			
			9				5	
			8	4		6	1	2
7			5		3			9
	8			7	9			
	9		3			8	2	7
	4		2				6	

Grid 5

6				7				1
3			1	5	9			
		5	4			7		
			8	6	3			4
	8			2				
						3		
	4		7					
				9		4	5	
	9		1			3	8	

Grid 6

6			1	3		4	8	
		9	8	2				
7	3			4	6		5	
3		2		9				
								6
			5					7
			6	7	1	9		
8				9			6	4
			4	8				5

Grid 1

	1		7				5	
					9		4	
				6	2		3	
		3					6	
7			1		6	5	9	2
		6			4	7		
9	6	7	8			3		4
		1						
5	3						8	

Grid 2

					3		8	
			8	1			2	3
5				2				
		2			7	3	4	
	1			8		7		
6		3		5			1	
7					8			
			5	7	9	4		
	5	9						8

Grid 3

3	1		9	4			8	
6		5	8		2	1		
			1					3
			9					
4			5	7				6
			2			4	7	1
	4		1					
		1	3		5			4
		9	4		7		1	2

Grid 4

5			4	8			2	
	9		1	7	2	6		8
	8	2		5	6	4	7	
7	2			1		8		4
8	1		5		4	7		
6			8	2		3	1	5
	6		7			9		
		7	2			5		6
9	5		6			2		7

Grid 5

4	6			3	5	2		
				7	4			9
		2		1		3	5	6
	9		3					
7	2			4			9	8
6	1			5			4	3
9	3			8	4	6	2	
		6	5	9	3			
1	8	5	7	2		9		4

Grid 6

		3	4		2		7	
		5	3			6		
							1	3
2		7		3	4			
				9			3	
3		6				7		2
	1							
7		9		1	6			5
				2			6	

Puzzle 1

		8		2	4			
4								2
		2	5	7	6			
		6		9	8	1		
1				3		2	6	
	7							
	4	7	6				5	1
		1	7	5				
					8			

Puzzle 2

8		1		7		4	6	2
		4	2					
						8		3
			7		9		2	
5	8	2				1		
							3	
		8	9		7	1		
1		6	8					
7	4				5	2		6

Puzzle 3

			2	8		5		
5					4			
		4	5		1			9
		9				6	5	
					8			
	2			7	9			
		9			8			
2	6	5		8				
		8					1	7

Puzzle 4

		2	8					7
	8	3					1	
5					6		2	8
				6				4
4				3	9			
	3					8	1	
	1		5					2
		9		1			6	

Puzzle 5

	2		3	7				8
	8						5	2
		7	8	2		9		
								9
2	7		1	6			8	5
	9			8			7	
8				1			9	7
			5		4	8		3
	4	2	7			5	1	6

Puzzle 6

	3	1	8		9	5	7	
					5			9
	8	5			2		1	
	6	3		1	2		9	
	9						1	6
7	1	4			6			5
2	4	8	7				5	
			6	5		2	4	1
			2			4	9	8

Puzzle 1

		6			8		7	4
9		7						3
	3			2	4		8	
	2	5	8	3			9	
			5		9		3	
1					3		4	
	5						1	6
		3				8		

Puzzle 2

4								
3	2				7	1	8	
9		6	4	5	8		3	7
	8							6
1		7	2			5		
	9		3					
			8	3		7	1	
8				6		3	2	5
7	3		5	1		6		

Puzzle 3

					1	9		
		4		9				
8		1		3		4		
						3	2	
			5				4	
	3		9	6	7	1		
		7	3	9	8			
	5	2						
	4			7				3

Puzzle 4

		8			3			
3		4	7			8		2
	9		1			3		
4			6					8
2			8				6	5
6			2			9		7
9					2			
					5		7	
	3			7				

Puzzle 5

6			7					
		7		2	4			
		9	8	5		3		
		2	3	9	5			4
		4	2					1
	7	3			9			
	8		9	7		4		
			1				3	
					6			

Puzzle 6

	1			5		7	6	
			4	2		8		
		8		7				
5		6		3	7			
9	7		2		4			
					5	4		1
7	3							5
			9			8		
	2			6	3			7

Puzzle 1

7					5	8		6
		6	9					5
	4							
				6			2	8
			2	8	9	5		
					1			
	8				6			2
			3		2			1
6		5	8		1	4	3	7

Puzzle 2

6		3	4	7				5
		5	2	8	1		4	
		4			5			9
2				3				
		8						
		4	7	1		3		
		3	8	6			5	1
4		6					9	2
							4	3

Puzzle 3

5	6	3				1	9	
9	7		5				8	6
		1			2	7		
7			3					
3	2		1		8	9		
8	4	6						
1		8		7		5		
6					1			9
2	9	7		5			1	

Puzzle 4

9								
5	6					8		7
	8	3			7			1
3	9	4					1	
			7		4	2		6
					8		4	
					6			
	7							
		5		1		9		4

Puzzle 5

	5		3	4	9	2		
	4	9					7	
	2		6				4	
9	3					5		
1		2			5			
			8	2				
						7	2	
	1	7			8	6		
2			5			1	9	

Puzzle 6

4	9							
6	8							
3				8	4			
		8				5		7
2			6					8
9	7	4			8			
				9		2		4
	4		5		1	8	3	
		9				2		

Puzzle 1

8		1	4			6	3	
				8		1	6	
	9		2			7		8
1	3		7			2	9	
			2				1	3
		5	1	9			3	6
	8	7		4		5	2	
3			8		2	9	7	4

Puzzle 2

						4	7	
	6						4	
	8			3	5			1
			8		9		4	
4				6				9
	1				3	8	6	
5	2	6				9		
9		1	4	8	6			
							7	

Puzzle 3

3		7	2		6		5	
			7	8	3		2	6
	2	6	4	9	5		7	1
	1	2		7	4			
		4	8					
5	3			6				7
		5			9		8	
	7	3			8		1	9
1	8	9		2	7	5		

Puzzle 4

							4	3
8						6	9	
5		4	9				2	
	9	5	8				7	
	8	1	5	7		9		
		3				1		
	7		2	5	6	4	1	
				3			8	
	4		7			5		

Puzzle 5

5		6			3		9	
8				6	9	1		5
4		2					7	
6				4		7	2	
1		5	7			6		4
								1
3				2	7			9
			6			4	3	7
7		1	9	3		2	6	

Puzzle 6

	4	6			5			
7				9				6
		8		3				
			6		9	8	1	
		3					9	
9			7			6	2	
8		7						
		9				5	6	
5	2		3			4		

Puzzle 1

					4			
1	5	9	6					3
	3			7				2
6		1	4	3	5		9	7
9	2			6			1	
4					6			
	9	6		2	7	8	4	
	4	2	8			9		
5	1				3	7		

Puzzle 2

	5			3		6	4	2
	7			6	4			
		6		5			3	
	6			8		2	7	5
		2	9	7		4	8	
8		7	5	4				
				9			5	6
		5	3				9	8

Puzzle 3

4	5	1	7			2		
	2				6	1	5	
6	8	3		2			7	
					3	2		
	4		2					6
2				4				
			5	1				7
	1			8				2
		2		4	3	5	9	1

Puzzle 4

		1		2	7	5	3	
	2							
		3		5	6	2		
		7		6			5	3
	5		9		8	7		
		2	5				1	
8	3	5		4		6		
7					2			5
		9	3	1	5		7	

Puzzle 5

4				9		6		
				4				9
						7	4	
	2		3			5	4	8
8		4		2				
7		3			9			
5	1		6					2
		2		8				3
3	9			1			6	7

Puzzle 6

			1		8			6
3			5			8		
2			7					
		5						4
						7		
	2		6	1				
	9			6	2			1
	4		2	5				8
6			7		5			

Puzzle 1

		4	3	9				
6				2				
5	3	2	6					
9				4	5			
		5		3	6			2
	2	3			8			
						9	8	
2			5			4	1	
			7	8		6		

Puzzle 2

				7	4			2
	3	4	6					
			1			6		4
8	7			1	9			
			2			8		
	5		7				6	1
2	4			5	1			6
6		9				4	1	
		7		4		3	2	

Puzzle 3

	7					5	8	9
5								
				9				6
	9		3					
8		4	1		5			
6		5	8	4				3
	5	2	9	3	1	6		
	6	3				2		1
7		8		5	6			4

Puzzle 4

	8					2		6
5		3	8					1
	7		4	1				3
			6	4	1	2		8
	4	8	9				7	
7	1	6				4		9
	2	7			3		1	
	9					3	5	2
			1	4		9		

Puzzle 5

2	8	7	4	6		5	9	
					3	1		
	9		7		5			
	2			3				
			1		8		3	
3				7				1
	4	8	6	1		3	2	
7		2		4		8		6
					2		4	5

Puzzle 6

7	4							8
	5					1		4
		1	8					
		6		5	4		8	1
5	1	8		2			6	
					8	5		
	2		9	1			4	
								9
8	9	6	3	2	7			5

Puzzle 1

			6					7
6	8	7	1					
4	9		8		7	6	3	
	4		7	1				
7		6			5	3		
9	1	5	3					4
		3		8		4	7	1
8		4			1			
	7				4	8		

Puzzle 2

	2			8	1		7	
	1			5	6			
9							1	4
	7			4		3	8	
	8		3	7				
3	9		6	1			2	
		2	7				1	
8							6	7
		7				4	9	

Puzzle 3

8	2	7		9	1			
	9	6				2	4	
		4	2					
	8						5	
		1						9
7					8	4		
			1				7	
		3			7			5
				5		6		2

Puzzle 4

8		9					1	
	3							
		4	8	6	1			
					6	9		
	1		2		5			
			3					
1	6			3				4
	8	3		1	9		7	
9		2			4	5		

Puzzle 5

			8		3			1
	8						9	
		7	5		9	8		
3	2	1	9			7		
9		4	3	7	8			
				1	2			4
	1	9			5	3	6	
6					1			
7	4		2					9

Puzzle 6

4	2				1			
	7				9	5	6	4
8			3	4	7	2		
	3	5	4				8	
		8			6		2	1
		2		9	8			
		3					9	2
2	1			8			4	5
	9	4			1		7	

Grid 1

2	8			7				
	1		6	2			8	
7		4	3		8		2	
3							4	9
1		2	4	5	3	7		
			2			5		3
				2				
4		1		5				
6			9					

Grid 2

1	5	3		7	2		8	
	6	4						
	7		9	3		1		
5	9				3		1	
		1	7	8			2	9
				6				
3	8					5	7	6
		2			6		9	
6				9		3		2

Grid 3

9			3			6		
2	8	7	6			3		5
3	6	5	2		7	4		
4			8					
1								3
	2	3	9			4		
	3		1	8			6	
	5				9			
	4		7	2			8	1

Grid 4

2	5	6			9			
		7						
3			2				7	1
	9		8			7		4
1	4			7				9
	7	2	4					
4	6	9		3			5	
						8	3	6
8	3		9	6	2		4	

Grid 5

	4		3	1		5		6
		6	5	7		3	1	4
1		5						
	9				1		3	
6			8	3				9
7	1			5				
		1		8	5	9		3
		2		9		7		1
		9		2	6	8		

Grid 6

9	7		8	6	1		2	
		6			7	4		
1	5	2	9	4	3		7	8
					5			6
7	1					2	5	
8			2			7	1	
		7			8			
2	3	8		7				
	9	1		5	2	8	4	

Puzzle 1

				4		5		
1		5	3			6	2	
2			6	5				
4						2		7
9	2				6	4		
7		3					1	9
3		9						1
					9			
5		6	7					

Puzzle 2

5		4						6
	2	3						9
9			3	5	2	8		
	9				4			3
			5	9			6	
			2	1	3	4	9	
1								
	3	6				5		
			6		1		3	2

Puzzle 3

			5			3		
	3				4		2	5
			7			8	4	1
	8	4				1	7	
3	1			8				4
2		5	4					8
	6							3
	9		3			5		
1	5	3	6		2	4		7

Puzzle 4

		8	6			7		3
6		7				2	4	
	4		7		3		1	
		5						1
9				2	8		7	
			5			4		
	8	1		7		9	6	
7								
	5		8	9	6		3	

Puzzle 5

8				3	1			5
7			9		5		8	4
			6	7	1	2		3
9		1		4		3	6	
2	6			1	9	4	5	
4		5				2	9	
6			1					
			9	3	7			6
3			7				1	2

Puzzle 6

		3		4		8		6
7	6	4	5					
8					2	5	4	
	7	6						9
		1	2	8	7			
5			3					4
			8				5	
1		2				4	7	
9		5						

Puzzle 1

6							7	
7							3	9
	1		2			4		6
								8
		2		3	7			
	5				2		4	
5	7			4	8			1
	6		7				5	
	3		5	2			6	

Puzzle 2

					8			
		5	7			9		
		3	2		6	1	5	
7				3	5		4	
	4		8		9		3	
							9	5
4	9	7						
1							6	7
		2						

Puzzle 3

	5		6	9		4		2
4		6						
	1	2			5			9
	4	5	3	6	9	7		8
9	8						5	6
6			7	5	8			1
	7	4	2			5	9	
	3		5					
	6	1	9	4	3		8	7

Puzzle 4

			5	4			6	9
	8			1	9			
	9					1		
					3		8	
					2		9	
	2				1		5	3
	5	6		9		3	2	8
		8			5	9	4	6
		9		6		7		

Puzzle 5

	3	9	5		2		4	
8		1	4			3	2	9
5	8	7	6					
	9			8	7	6		
		2	1		5		8	
					2			
2	1			5				7
	7		9				6	

Puzzle 6

		8		3				
		6		2			8	7
1	5				9	3		
				7				
		5				8	1	
	6		1		5	7	4	
						4		
		2		4			7	
4	8		7		3	2		9

Puzzle 1

		7						
8		6		9				1
			5			8	4	
5		8					9	6
	1	9			4	7		
			9					
1			5	3		9	6	
6							1	4
4	8	2				5		

Puzzle 2

2					3	1	6	8
4				6			7	
			8	7		9	3	4
					4	6		
	4		3	8		2	9	
9	7	5		2				
	5	9			8		2	6
3	6	2				7	8	
		4			6	3		

Puzzle 3

1						8		4
8	7			4	2		9	3
					7			
	8		7		9		1	
4	9			5	1			
		1						9
				7				2
7		8				5	6	1
2			1		3		8	

Puzzle 4

8	1			4				
		9		8		3		
		3	5				8	
								3
1	4		8		7		9	6
	6					4		
7		5					4	
			5	2			3	1
			7			8	5	

Puzzle 5

8					7			
						1		4
	7	2	6				8	3
				2	3			
1	4		7		8		2	
2				4				8
		8				5	6	
3		7			9	4		
	9							

Puzzle 6

1				7		9		
				6			5	7
6	9				4			
	2				7		3	8
		1			2			
4			3	9				
	4		9				7	
			4		6	2	8	
8								5

Puzzle 1

9	8				1			
4			9				1	
1		3		8	6	2	9	4
		8	4					
	2							
	4			6	9	5		
2		5		9				
8	6	9			7	1		
7				1	8	9		5

Puzzle 2

	3	5	1	9	7		8	6
					3		4	5
	9			4				3
6	8		4			3		
			3	6				
7			3			1		
3				8				2
5		8	9		3	6		7
1		9		6	2		3	

Puzzle 3

						2	5	
	7	3	2		1		6	
2		4	8		6			
			6			3		
				4			8	
			2		5		7	
8			1					9
1			4	8				5
4		7				2		

Puzzle 4

6	2		3	7	8	9	5	
		4	9		6	3		
	9		4		5			2
5	4		7	6	9	1	2	
		3	2	8	4			
			1	5				8
		6					4	9
4		5	8					
	3	9		4	1	7	8	5

Puzzle 5

			4				1	9
				8		7		
	4		3			8		
		9	2					7
		5			6			
	7			4		2		5
				9		3		
		2	8			7	5	
			7		1		8	

Puzzle 6

	7	4					9	2
	6			2				7
	8				4		6	
	4			1		9		
5			3			7		
	1	3	4	5				
								6
			1			3		
6			7	8				1

Grid 1

1			5		7	3	4	
	4			6	1	8	7	5
	5	7	3		4	1		
4		3			9			
		1		7		4		
7	8	9			6	5	3	1
9	7	4	6			2		
8		5		9	2	6	1	4
2				3	5	9	8	7

Grid 2

	6	9		2	7			8
		4				6	2	1
						9	7	
9		8		7		4		
	2				4			
	4	1			6		8	3
1						8		
		2		9				
			6	8		5	9	2

Grid 3

5			4	6				
			5			7		
	2	4	9					
	7	6						1
		5			8			
	8			2				3
7		1		8			3	
	9							6
			1		3			8

Grid 4

		9	8	5	2	3		1
8	3		1		4			5
2			6		7	8	4	9
					5	9		6
			4			5		3
5								
1	6	2	5	8	3			4
3	7		2			1		8
9		5	7		1		3	

Grid 5

			2		1	5		
				8				2
6	2			5			9	
8							5	3
1	5	2					7	
9	3					4		8
2	9	5		3			8	
4		8				7		
	7						4	5

Grid 6

						6	2	
	5	6	2			3		
	2		4			9		5
			1				6	
3	9	8					5	
						4		
	6			8				1
8	4				2			6
1			6		4	5		

Puzzle 1

	3		4	8			7	
						2		
4			7	6				5
						8		
				3				
			1			4	6	7
		3	5		9			4
6		4	2		8	5	3	
7	9		3					

Puzzle 2

			2	1				
			6	8	5			9
		3	7	9			1	6
	6				2			5
	4			5	9			8
		1					9	
2		7	5					
9							7	
					7	6		

Puzzle 3

		7				9		4
			3					
9		3				1	2	
	6				3	7		
				4	8		5	
3				5				
6		4	5	9	1			7
5				8		3		1
1					6		4	

Puzzle 4

			8	3	9		7	
7	3			4	6	5		
								4
					1	9		7
	7			9	8			
1		4	5	7		2	6	8
		7	3				4	9
				2	4			6
9	4	3	6				1	2

Puzzle 5

				4	1	3	7	8
		3	9	6		5		1
1				5		9		
4		6	1		2	8		
	1	5	3				6	
			8		6	1	4	3
6		2	5	8				
	5	4		1	9		8	
9			4			6		

Puzzle 6

9	2	6		5		7		
5	3	8	9		1			2
		1	6	2				
				9		6		5
	9			1	6		3	
	6	4			3	1		9
		7	1	4				6
		2			9	5	1	
		9				3		4

Puzzle 1

4		3			2			
			4	8		3		2
8	2				6	4	7	
		5		9			8	
6			1				9	3
	7			5	8			
				4		9		
2			7		5			6
	3		2	6			4	5

Puzzle 2

8			7	3			5	6
7				5	6			
6	1							
9	7				8	2		
			1		7		9	
2	5	8			9	7	4	
5	8	6	2	7	4	3		9
						6	7	
1	9							

Puzzle 3

			9	2	1	8		3
					7			2
	1	9	6	4		5		8
	5			8		6	7	4
		6		5		2	1	
	2			9		3		7
	6	3			4	9		
			2			4		6

Puzzle 4

2		8	4		5		9	
1				2		6		
					3		7	2
5	2	6		1	7			
	9				2			6
			9			5	2	
6	5				1			4
		2			4	7	1	
		4	3	5				

Puzzle 5

					2	8	4	
	8		4					
7				8		9		
9	6		3	4				2
4	5				8	3		
	3							
				6				3
	2		8	9				
8	1		5	3	4	9		

Puzzle 6

	5				1	6	8	
			9			3		
1	9				6	5		4
		2						5
	8					2		
	1	5				7		8
9			2	4	3	1		7
	4	1	6			8	2	
		7		1			4	

Solutions

4	3	5	1	6	9	2	7	8
7	8	6	3	5	2	4	1	9
2	9	1	7	4	8	5	6	3
9	7	8	4	2	5	6	3	1
1	4	3	8	7	6	9	2	5
5	6	2	9	1	3	8	4	7
6	1	9	2	8	7	3	5	4
8	5	7	6	3	4	1	9	2
3	2	4	5	9	1	7	8	6

4	5	6	8	7	9	3	2	1
7	8	3	1	2	6	5	4	9
1	2	9	3	5	4	6	8	7
2	6	8	5	3	7	9	1	4
9	4	1	2	6	8	7	3	5
5	3	7	4	9	1	2	6	8
3	1	5	9	8	2	4	7	6
8	7	2	6	4	5	1	9	3
6	9	4	7	1	3	8	5	2

5	3	1	8	4	6	7	2	9
9	8	4	7	2	3	6	1	5
2	7	6	1	5	9	8	4	3
1	2	5	6	8	7	9	3	4
8	6	9	5	3	4	2	7	1
7	4	3	9	1	2	5	6	8
4	5	8	2	6	1	3	9	7
6	1	7	3	9	8	4	5	2
3	9	2	4	7	5	1	8	6

8	2	9	4	5	7	1	3	6
5	1	6	3	9	8	4	7	2
4	3	7	1	2	6	8	9	5
7	5	1	9	6	2	3	8	4
9	4	3	5	8	1	6	2	7
6	8	2	7	4	3	5	1	9
2	7	4	8	1	5	9	6	3
3	9	8	6	7	4	2	5	1
1	6	5	2	3	9	7	4	8

9	6	7	3	1	8	2	4	5
1	3	2	9	4	5	6	7	8
5	8	4	6	7	2	3	9	1
2	9	8	4	5	7	1	3	6
7	1	5	2	3	6	4	8	9
3	4	6	1	8	9	7	5	2
6	2	3	8	9	4	5	1	7
4	7	9	5	6	1	8	2	3
8	5	1	7	2	3	9	6	4

6	3	1	9	2	8	5	4	7
9	4	5	1	3	7	6	2	8
8	7	2	6	4	5	3	1	9
2	9	6	8	1	3	7	5	4
5	8	3	2	7	4	9	6	1
7	1	4	5	6	9	2	8	3
1	5	7	3	8	6	4	9	2
4	2	9	7	5	1	8	3	6
3	6	8	4	9	2	1	7	5

Grid 1

8	3	6	1	4	5	2	7	9
1	4	7	3	9	2	8	6	5
2	5	9	7	8	6	1	4	3
7	2	5	8	3	1	4	9	6
4	9	8	5	6	7	3	2	1
3	6	1	4	2	9	7	5	8
9	8	4	2	5	3	6	1	7
6	1	3	9	7	4	5	8	2
5	7	2	6	1	8	9	3	4

Grid 2

4	2	3	1	9	6	7	5	8
8	9	7	2	3	5	6	1	4
5	1	6	8	4	7	9	3	2
1	7	2	6	5	4	8	9	3
3	6	4	7	8	9	1	2	5
9	8	5	3	2	1	4	6	7
6	5	1	4	7	3	2	8	9
2	4	9	5	6	8	3	7	1
7	3	8	9	1	2	5	4	6

Grid 3

3	8	6	4	7	9	2	1	5
9	7	1	5	3	2	6	4	8
2	4	5	6	1	8	3	9	7
8	6	7	9	5	1	4	2	3
5	2	4	7	6	3	9	8	1
1	9	3	8	2	4	5	7	6
7	1	2	3	4	6	8	5	9
6	5	9	2	8	7	1	3	4
4	3	8	1	9	5	7	6	2

Grid 4

4	1	6	3	2	7	9	8	5
5	9	3	8	6	4	1	7	2
2	7	8	1	9	5	6	3	4
9	4	5	6	8	1	7	2	3
7	3	1	2	4	9	8	5	6
8	6	2	5	7	3	4	1	9
6	8	7	4	3	2	5	9	1
1	2	4	9	5	8	3	6	7
3	5	9	7	1	6	2	4	8

Grid 5

9	8	2	7	6	4	5	3	1
6	1	5	8	3	2	9	7	4
3	7	4	9	1	5	2	8	6
4	3	7	5	9	6	8	1	2
8	2	6	4	7	1	3	5	9
1	5	9	3	2	8	4	6	7
5	6	1	2	4	3	7	9	8
7	4	8	1	5	9	6	2	3
2	9	3	6	8	7	1	4	5

Grid 6

2	5	9	6	3	8	4	1	7
4	7	1	2	9	5	3	8	6
6	8	3	4	1	7	9	5	2
9	4	7	8	2	3	5	6	1
3	2	8	1	5	6	7	4	9
1	6	5	7	4	9	2	3	8
5	9	6	3	8	2	1	7	4
8	1	2	5	7	4	6	9	3
7	3	4	9	6	1	8	2	5

1	8	7	6	9	5	4	2	3
2	3	6	4	7	1	8	5	9
9	5	4	8	2	3	6	7	1
6	9	5	7	8	4	3	1	2
8	4	1	2	3	9	5	6	7
3	7	2	1	5	6	9	4	8
5	1	8	9	4	7	2	3	6
4	6	9	3	1	2	7	8	5
7	2	3	5	6	8	1	9	4

1	3	7	5	9	6	2	4	8
8	4	6	3	1	2	7	9	5
9	5	2	8	7	4	3	6	1
4	6	8	2	5	3	9	1	7
2	9	1	7	4	8	6	5	3
5	7	3	1	6	9	4	8	2
7	8	9	6	2	1	5	3	4
6	1	5	4	3	7	8	2	9
3	2	4	9	8	5	1	7	6

6	5	8	4	1	9	2	3	7
4	2	3	5	7	8	6	1	9
1	7	9	6	3	2	5	8	4
2	4	1	8	6	5	9	7	3
3	8	6	1	9	7	4	5	2
5	9	7	3	2	4	1	6	8
7	1	2	9	8	6	3	4	5
8	6	5	2	4	3	7	9	1
9	3	4	7	5	1	8	2	6

1	5	3	2	9	7	8	6	4
2	7	8	4	6	1	9	3	5
6	4	9	5	3	8	2	7	1
9	6	4	3	1	2	5	8	7
8	1	2	9	7	5	3	4	6
7	3	5	8	4	6	1	9	2
4	2	1	6	8	9	7	5	3
5	9	6	7	2	3	4	1	8
3	8	7	1	5	4	6	2	9

5	8	3	7	2	1	9	4	6
7	2	9	4	3	6	1	8	5
6	1	4	8	5	9	3	2	7
4	7	2	5	8	3	6	1	9
1	5	6	9	4	7	8	3	2
9	3	8	6	1	2	7	5	4
3	6	1	2	7	5	4	9	8
8	9	5	3	6	4	2	7	1
2	4	7	1	9	8	5	6	3

1	8	4	6	9	2	7	3	5
7	2	6	5	3	8	4	1	9
9	3	5	4	7	1	6	2	8
2	6	9	3	1	7	5	8	4
4	7	1	8	6	5	2	9	3
3	5	8	2	4	9	1	7	6
5	9	3	7	2	6	8	4	1
6	1	2	9	8	4	3	5	7
8	4	7	1	5	3	9	6	2

Grid 1

1	8	7	9	2	3	4	6	5
2	9	6	5	4	1	3	7	8
5	4	3	7	6	8	2	9	1
9	5	1	4	7	6	8	3	2
4	7	8	2	3	5	6	1	9
3	6	2	1	8	9	7	5	4
7	3	9	8	5	4	1	2	6
6	1	4	3	9	2	5	8	7
8	2	5	6	1	7	9	4	3

Grid 2

4	5	7	2	9	8	6	3	1
1	2	6	3	7	4	9	5	8
8	9	3	5	6	1	7	4	2
3	4	8	1	2	7	5	9	6
7	1	2	6	5	9	3	8	4
5	6	9	4	8	3	1	2	7
6	8	4	9	1	5	2	7	3
2	7	5	8	3	6	4	1	9
9	3	1	7	4	2	8	6	5

Grid 3

4	2	8	3	5	6	9	7	1
5	9	3	7	1	4	2	6	8
6	7	1	9	2	8	4	3	5
8	1	5	2	6	3	7	4	9
7	4	6	5	8	9	3	1	2
2	3	9	1	4	7	8	5	6
9	5	2	4	7	1	6	8	3
3	8	7	6	9	5	1	2	4
1	6	4	8	3	2	5	9	7

Grid 4

4	7	2	1	8	5	3	9	6
6	5	3	7	9	2	4	8	1
9	1	8	6	3	4	5	2	7
8	2	4	9	1	6	7	5	3
5	3	9	8	4	7	6	1	2
7	6	1	5	2	3	8	4	9
2	8	6	4	7	9	1	3	5
1	9	5	3	6	8	2	7	4
3	4	7	2	5	1	9	6	8

Grid 5

6	2	9	3	7	8	4	5	1
3	7	4	6	1	5	9	2	8
8	1	5	4	9	2	7	6	3
9	5	1	8	6	3	2	7	4
4	8	3	9	2	7	5	1	6
7	6	2	5	4	1	8	3	9
5	4	8	7	3	6	1	9	2
1	3	7	2	8	9	6	4	5
2	9	6	1	5	4	3	8	7

Grid 6

6	2	5	1	3	7	4	8	9
1	4	9	8	2	5	6	7	3
7	3	8	9	4	6	1	5	2
3	6	2	7	9	8	5	4	1
5	9	7	3	1	4	8	2	6
4	8	1	5	6	2	3	9	7
2	5	4	6	7	1	9	3	8
8	1	3	2	5	9	7	6	4
9	7	6	4	8	3	2	1	5

3	1	9	7	4	8	2	5	6
6	2	5	3	1	9	8	4	7
8	7	4	5	6	2	1	3	9
1	9	3	2	7	5	4	6	8
7	4	8	1	3	6	5	9	2
2	5	6	9	8	4	7	1	3
9	6	7	8	5	1	3	2	4
4	8	1	6	2	3	9	7	5
5	3	2	4	9	7	6	8	1

1	2	6	7	9	3	5	8	4
9	4	7	8	1	5	6	2	3
5	3	8	4	2	6	1	9	7
8	9	2	1	6	7	3	4	5
4	1	5	3	8	2	7	6	9
6	7	3	9	5	4	8	1	2
7	6	4	2	3	8	9	5	1
2	8	1	5	7	9	4	3	6
3	5	9	6	4	1	2	7	8

3	1	2	9	4	5	6	8	7
6	7	5	8	3	2	1	4	9
9	8	4	7	1	6	2	5	3
1	2	7	6	9	4	8	3	5
4	3	8	5	7	1	9	2	6
5	9	6	2	8	3	4	7	1
2	4	3	1	5	9	7	6	8
7	6	1	3	2	8	5	9	4
8	5	9	4	6	7	3	1	2

5	7	6	4	8	3	1	2	9
3	9	4	1	7	2	6	5	8
1	8	2	9	5	6	4	7	3
7	2	5	3	1	9	8	6	4
8	1	3	5	6	4	7	9	2
6	4	9	8	2	7	3	1	5
2	6	8	7	4	5	9	3	1
4	3	7	2	9	1	5	8	6
9	5	1	6	3	8	2	4	7

4	6	9	8	3	5	2	1	7
3	5	1	2	6	7	4	8	9
8	7	2	4	1	9	3	5	6
5	9	4	3	7	8	1	6	2
7	2	3	6	4	1	5	9	8
6	1	8	9	5	2	7	4	3
9	3	7	1	8	4	6	2	5
2	4	6	5	9	3	8	7	1
1	8	5	7	2	6	9	3	4

1	6	3	4	8	2	5	7	9
9	2	5	3	7	1	6	8	4
4	7	8	5	6	9	2	1	3
2	8	7	6	3	4	9	5	1
5	4	1	2	9	7	8	3	6
3	9	6	1	5	8	7	4	2
6	1	2	7	4	5	3	9	8
7	3	9	8	1	6	4	2	5
8	5	4	9	2	3	1	6	7

7	1	8	3	2	4	5	9	6
4	6	5	8	1	9	7	3	2
3	9	2	5	7	6	4	1	8
5	3	6	2	9	8	1	7	4
1	8	9	4	3	7	2	6	5
2	7	4	1	6	5	9	8	3
9	4	7	6	8	2	3	5	1
8	2	1	7	5	3	6	4	9
6	5	3	9	4	1	8	2	7

8	9	1	5	7	3	4	6	2
6	3	4	2	9	8	7	1	5
2	7	5	1	4	6	8	9	3
4	1	3	7	5	9	6	2	8
5	8	2	6	3	1	9	4	7
9	6	7	4	8	2	5	3	1
3	2	8	9	6	7	1	5	4
1	5	6	8	2	4	3	7	9
7	4	9	3	1	5	2	8	6

7	9	1	4	2	8	6	5	3
5	3	2	1	6	9	4	7	8
6	8	4	5	7	3	1	2	9
8	1	3	9	4	2	7	6	5
9	5	7	3	1	6	8	4	2
4	2	6	8	5	7	9	3	1
1	7	9	2	3	4	5	8	6
2	6	5	7	8	1	3	9	4
3	4	8	6	9	5	2	1	7

1	6	2	8	5	3	4	9	7
7	8	3	9	2	4	6	1	5
5	9	4	1	7	6	3	2	8
9	2	8	7	6	1	5	3	4
4	7	1	3	9	5	2	8	6
6	3	5	2	4	8	1	7	9
3	4	7	6	8	2	9	5	1
8	1	6	5	3	9	7	4	2
2	5	9	4	1	7	8	6	3

5	2	9	3	7	1	6	4	8
3	8	1	9	4	6	7	5	2
4	6	7	8	2	5	9	3	1
1	3	8	4	5	7	2	6	9
2	7	4	1	6	9	3	8	5
6	9	5	2	8	3	1	7	4
8	5	3	6	1	2	4	9	7
7	1	6	5	9	4	8	2	3
9	4	2	7	3	8	5	1	6

4	3	1	8	6	9	5	7	2
6	2	7	1	4	5	8	3	9
9	8	5	3	2	7	1	6	4
5	6	3	4	1	2	7	9	8
8	9	2	5	7	3	4	1	6
7	1	4	9	8	6	3	2	5
2	4	8	7	9	1	6	5	3
3	7	9	6	5	8	2	4	1
1	5	6	2	3	4	9	8	7

5	4	2	3	7	1	9	6	8
3	1	6	2	9	8	5	7	4
9	8	7	6	4	5	1	2	3
6	3	9	1	2	4	7	8	5
4	2	5	8	3	7	6	9	1
8	7	1	5	6	9	4	3	2
1	6	8	7	5	3	2	4	9
7	5	4	9	8	2	3	1	6
2	9	3	4	1	6	8	5	7

4	7	8	9	2	3	6	5	1
3	2	5	6	7	1	8	9	4
9	1	6	4	5	8	2	3	7
2	8	3	1	9	7	5	4	6
1	6	7	2	4	5	9	8	3
5	9	4	3	8	6	1	7	2
6	5	2	8	3	4	7	1	9
8	4	1	7	6	9	3	2	5
7	3	9	5	1	2	4	6	8

4	2	3	7	8	1	9	5	6
7	6	5	4	2	9	3	8	1
8	9	1	6	3	5	2	4	7
5	7	9	8	1	4	6	3	2
1	8	6	2	5	3	7	9	4
2	3	4	9	6	7	5	1	8
6	1	7	3	9	8	4	2	5
3	5	2	1	4	6	8	7	9
9	4	8	5	7	2	1	6	3

1	6	8	5	2	3	7	9	4
3	5	4	7	9	6	8	1	2
7	9	2	1	8	4	3	5	6
4	1	9	6	5	7	2	3	8
2	7	3	8	4	9	1	6	5
6	8	5	2	3	1	9	4	7
9	4	7	3	6	2	5	8	1
8	2	6	9	1	5	4	7	3
5	3	1	4	7	8	6	2	9

6	3	8	7	4	9	2	1	5
1	5	7	6	3	2	4	8	9
2	4	9	8	5	1	7	3	6
8	1	2	3	9	5	6	7	4
9	6	4	2	8	7	3	5	1
5	7	3	1	6	4	9	2	8
3	8	5	9	7	6	1	4	2
7	2	6	4	1	8	5	9	3
4	9	1	5	2	3	8	6	7

4	1	2	3	5	8	7	6	9
6	9	7	4	2	1	8	5	3
3	5	8	6	7	9	1	4	2
5	4	6	1	3	7	9	2	8
9	7	1	2	8	4	5	3	6
2	8	3	9	6	5	4	7	1
7	3	9	8	4	2	6	1	5
1	6	5	7	9	3	2	8	4
8	2	4	5	1	6	3	9	7

Grid 1

7	3	9	4	2	5	8	1	6
2	1	6	9	7	8	3	4	5
5	4	8	6	1	3	2	7	9
9	5	3	1	6	4	7	2	8
1	7	4	2	8	9	5	6	3
8	6	2	5	3	7	1	9	4
3	8	1	7	4	6	9	5	2
4	9	7	3	5	2	6	8	1
6	2	5	8	9	1	4	3	7

Grid 2

6	1	3	4	7	9	8	2	5
7	9	5	2	8	1	6	4	3
8	2	4	3	6	5	1	7	9
2	6	1	5	3	8	7	9	4
3	8	7	9	4	6	2	5	1
5	4	9	7	1	2	3	6	8
9	3	8	6	2	4	5	1	7
4	7	6	1	5	3	9	8	2
1	5	2	8	9	7	4	3	6

Grid 3

5	6	3	4	8	7	1	9	2
9	7	2	5	1	3	4	8	6
4	8	1	6	9	2	7	3	5
7	1	9	3	4	5	2	6	8
3	2	5	1	6	8	9	4	7
8	4	6	7	2	9	3	5	1
1	3	8	9	7	6	5	2	4
6	5	4	2	3	1	8	7	9
2	9	7	8	5	4	6	1	3

Grid 4

9	4	7	2	8	1	6	5	3
5	6	1	3	4	9	8	2	7
2	8	3	5	6	7	4	9	1
3	9	4	6	2	5	7	1	8
1	5	8	7	9	4	2	3	6
7	2	6	1	3	8	5	4	9
4	1	2	9	7	6	3	8	5
8	7	9	4	5	3	1	6	2
6	3	5	8	1	2	9	7	4

Grid 5

7	5	8	3	4	9	2	1	6
6	4	9	8	2	1	3	7	5
3	2	1	6	5	7	8	4	9
9	3	4	7	1	6	5	8	2
1	8	2	9	3	5	4	6	7
5	7	6	4	8	2	9	3	1
8	9	5	1	6	3	7	2	4
4	1	7	2	9	8	6	5	3
2	6	3	5	7	4	1	9	8

Grid 6

4	9	7	2	1	6	3	8	5
6	8	1	3	9	5	4	7	2
3	2	5	7	8	4	9	6	1
1	6	8	4	2	3	5	9	7
2	5	3	6	7	9	1	4	8
9	7	4	1	5	8	6	2	3
8	1	6	9	3	2	7	5	4
7	4	2	5	6	1	8	3	9
5	3	9	8	4	7	2	1	6

8	2	1	4	7	6	3	5	9
5	7	4	3	8	9	1	6	2
6	9	3	2	1	5	7	4	8
1	3	8	7	6	4	2	9	5
4	5	2	9	3	1	6	8	7
7	6	9	5	2	8	4	1	3
2	4	5	1	9	7	8	3	6
9	8	7	6	4	3	5	2	1
3	1	6	8	5	2	9	7	4

1	9	5	6	2	4	7	3	8
3	6	7	1	9	8	4	5	2
2	8	4	7	3	5	6	9	1
6	5	2	8	1	9	3	4	7
4	3	8	5	6	7	2	1	9
7	1	9	2	4	3	8	6	5
5	2	6	3	7	1	9	8	4
9	7	1	4	8	6	5	2	3
8	4	3	9	5	2	1	7	6

3	9	7	2	1	6	4	5	8
4	5	1	7	8	3	9	2	6
8	2	6	4	9	5	3	7	1
9	1	2	3	7	4	8	6	5
7	6	4	8	5	1	2	9	3
5	3	8	9	6	2	1	4	7
6	4	5	1	3	9	7	8	2
2	7	3	5	4	8	6	1	9
1	8	9	6	2	7	5	3	4

2	6	9	1	8	5	7	4	3
8	1	7	3	2	4	6	9	5
5	3	4	9	6	7	8	2	1
6	9	5	8	1	2	3	7	4
4	8	1	5	7	3	9	6	2
7	2	3	6	4	9	1	5	8
3	7	8	2	5	6	4	1	9
9	5	6	4	3	1	2	8	7
1	4	2	7	9	8	5	3	6

5	1	6	4	7	3	8	9	2
8	7	3	2	6	9	1	4	5
4	9	2	1	5	8	3	7	6
6	8	9	5	4	1	7	2	3
1	3	5	7	9	2	6	8	4
2	4	7	3	8	6	9	5	1
3	6	4	8	2	7	5	1	9
9	2	8	6	1	5	4	3	7
7	5	1	9	3	4	2	6	8

3	4	6	2	5	7	9	8	1
7	5	2	9	8	1	3	4	6
1	9	8	4	3	6	2	5	7
2	7	5	6	4	9	8	1	3
6	1	3	8	2	5	7	9	4
9	8	4	7	1	3	6	2	5
8	6	7	5	9	4	1	3	2
4	3	9	1	7	2	5	6	8
5	2	1	3	6	8	4	7	9

Grid 1

2	6	7	3	1	4	5	8	9
1	5	9	6	8	2	4	7	3
8	3	4	5	7	9	1	6	2
6	8	1	4	3	5	2	9	7
9	2	5	7	6	8	3	1	4
4	7	3	2	9	1	6	5	8
3	9	6	1	2	7	8	4	5
7	4	2	8	5	6	9	3	1
5	1	8	9	4	3	7	2	6

Grid 2

1	5	8	7	3	9	6	4	2
2	7	3	8	6	4	5	1	9
4	9	6	2	5	1	8	3	7
9	6	4	1	8	3	2	7	5
5	1	2	9	7	6	4	8	3
8	3	7	5	4	2	9	6	1
7	8	9	6	1	5	3	2	4
3	2	1	4	9	8	7	5	6
6	4	5	3	2	7	1	9	8

Grid 3

4	5	1	7	3	9	2	6	8
7	2	9	4	8	6	1	5	3
6	8	3	1	2	5	4	7	9
1	9	5	8	6	7	3	2	4
3	4	7	2	5	1	9	8	6
2	6	8	3	9	4	7	1	5
9	3	6	5	1	2	8	4	7
5	1	4	9	7	8	6	3	2
8	7	2	6	4	3	5	9	1

Grid 4

6	4	1	8	2	7	5	3	9
5	2	8	4	9	3	1	6	7
9	7	3	1	5	6	2	8	4
4	9	7	2	6	1	8	5	3
1	5	6	9	3	8	7	4	2
3	8	2	5	7	4	9	1	6
8	3	5	7	4	9	6	2	1
7	1	4	6	8	2	3	9	5
2	6	9	3	1	5	4	7	8

Grid 5

4	7	1	2	9	3	6	8	5
2	8	6	7	4	5	3	1	9
9	3	5	8	6	1	2	7	4
1	2	9	3	7	6	5	4	8
8	5	4	1	2	9	7	3	6
7	6	3	4	5	8	9	2	1
5	1	7	6	3	4	8	9	2
6	4	2	9	8	7	1	5	3
3	9	8	5	1	2	4	6	7

Grid 6

4	5	7	1	9	8	3	2	6
3	9	6	5	4	2	8	1	7
2	1	8	7	6	3	4	5	9
9	6	5	2	8	7	1	3	4
8	4	1	3	5	9	7	6	2
7	2	3	6	1	4	9	8	5
5	7	9	8	3	6	2	4	1
1	3	4	9	2	5	6	7	8
6	8	2	4	7	1	5	9	3

Grid 1

8	1	4	3	9	5	2	6	7
6	7	9	1	2	8	3	5	4
5	3	2	6	4	7	1	8	9
9	6	8	2	7	4	5	3	1
1	4	5	8	3	6	9	7	2
7	2	3	9	5	1	8	4	6
3	5	6	4	1	2	7	9	8
2	8	7	5	6	9	4	1	3
4	9	1	7	8	3	6	2	5

Grid 2

9	6	8	5	7	4	1	3	2
1	3	4	6	8	2	5	7	9
7	2	5	1	9	3	6	8	4
8	7	6	4	1	9	2	5	3
3	9	1	2	6	5	8	4	7
4	5	2	7	3	8	9	6	1
2	4	3	8	5	1	7	9	6
6	8	9	3	2	7	4	1	5
5	1	7	9	4	6	3	2	8

Grid 3

2	7	6	4	1	3	5	8	9
5	4	9	6	2	8	3	1	7
3	8	1	5	7	9	4	2	6
1	9	7	3	6	2	8	4	5
8	3	4	1	9	5	7	6	2
6	2	5	8	4	7	1	9	3
4	5	2	9	3	1	6	7	8
9	6	3	7	8	4	2	5	1
7	1	8	2	5	6	9	3	4

Grid 4

1	8	4	3	7	5	2	9	6
5	6	3	8	2	9	7	4	1
9	7	2	4	1	6	5	8	3
3	5	9	7	6	4	1	2	8
2	4	8	9	3	1	6	7	5
7	1	6	2	5	8	4	3	9
6	2	7	5	9	3	8	1	4
4	9	1	6	8	7	3	5	2
8	3	5	1	4	2	9	6	7

Grid 5

2	8	7	4	6	1	5	9	3
4	6	5	8	9	3	1	7	2
1	9	3	7	2	5	4	6	8
8	2	1	9	3	4	6	5	7
9	7	6	1	5	8	2	3	4
3	5	4	2	7	6	9	8	1
5	4	8	6	1	7	3	2	9
7	3	2	5	4	9	8	1	6
6	1	9	3	8	2	7	4	5

Grid 6

7	4	2	5	9	1	6	3	8
8	5	3	2	7	6	1	9	4
6	9	1	8	4	3	2	5	7
2	7	6	3	5	4	9	8	1
5	1	8	7	2	9	4	6	3
9	3	4	1	6	8	5	7	2
3	2	7	9	1	5	8	4	6
1	6	5	4	8	7	3	2	9
4	8	9	6	3	2	7	1	5

5	3	2	6	4	9	1	8	7
6	8	7	1	5	3	9	4	2
4	9	1	8	2	7	6	3	5
3	4	8	7	1	2	5	6	9
7	2	6	4	9	5	3	1	8
9	1	5	3	6	8	7	2	4
2	5	3	9	8	6	4	7	1
8	6	4	5	7	1	2	9	3
1	7	9	2	3	4	8	5	6

6	2	3	4	8	1	9	7	5
7	1	4	9	5	6	2	3	8
9	5	8	2	3	7	1	4	6
2	7	6	5	4	9	3	8	1
4	8	1	3	7	2	6	5	9
3	9	5	6	1	8	7	2	4
5	6	2	7	9	4	8	1	3
8	4	9	1	2	3	5	6	7
1	3	7	8	6	5	4	9	2

8	2	7	4	9	1	5	6	3
5	9	6	8	7	3	2	4	1
3	1	4	2	6	5	7	9	8
4	8	2	9	3	6	1	5	7
6	5	1	7	4	2	8	3	9
7	3	9	5	1	8	4	2	6
2	6	5	1	8	9	3	7	4
1	4	3	6	2	7	9	8	5
9	7	8	3	5	4	6	1	2

8	2	9	4	5	3	6	1	7
6	3	1	9	2	7	4	8	5
7	5	4	8	6	1	3	2	9
2	4	8	1	7	6	9	5	3
3	1	6	2	9	5	7	4	8
5	9	7	3	4	8	1	6	2
1	6	5	7	3	2	8	9	4
4	8	3	5	1	9	2	7	6
9	7	2	6	8	4	5	3	1

4	9	6	8	2	3	5	7	1
5	8	2	1	4	7	6	9	3
1	3	7	5	6	9	8	4	2
3	2	1	9	5	4	7	8	6
9	6	4	3	7	8	2	1	5
8	7	5	6	1	2	9	3	4
2	1	9	4	8	5	3	6	7
6	5	3	7	9	1	4	2	8
7	4	8	2	3	6	1	5	9

4	2	9	6	1	5	8	3	7
3	7	1	8	2	9	5	6	4
8	5	6	3	4	7	2	1	9
1	3	5	4	7	2	9	8	6
9	4	8	5	3	6	7	2	1
7	6	2	1	9	8	4	5	3
6	8	3	7	5	4	1	9	2
2	1	7	9	8	3	6	4	5
5	9	4	2	6	1	3	7	8

Grid 1

2	8	9	5	7	4	6	3	1
5	1	3	6	2	9	4	8	7
7	6	4	3	1	8	9	2	5
3	7	5	1	8	6	2	4	9
1	9	2	4	5	3	7	6	8
8	4	6	2	9	7	5	1	3
9	3	7	8	6	2	1	5	4
4	2	1	7	3	5	8	9	6
6	5	8	9	4	1	3	7	2

Grid 2

1	5	3	6	7	2	9	8	4
9	6	4	5	1	8	2	3	7
2	7	8	9	3	4	1	6	5
5	9	6	4	2	3	7	1	8
4	3	1	7	8	5	6	2	9
8	2	7	1	6	9	4	5	3
3	8	9	2	4	1	5	7	6
7	4	2	3	5	6	8	9	1
6	1	5	8	9	7	3	4	2

Grid 3

9	1	4	3	5	8	6	7	2
2	8	7	6	9	4	3	1	5
3	6	5	2	1	7	4	9	8
4	7	6	8	3	2	1	5	9
1	9	8	5	4	6	7	2	3
5	2	3	9	7	1	8	4	6
7	3	2	1	8	5	9	6	4
8	5	1	4	6	9	2	3	7
6	4	9	7	2	3	5	8	1

Grid 4

2	5	6	7	1	9	4	8	3
9	1	7	3	8	4	6	2	5
3	8	4	2	5	6	9	7	1
5	9	3	8	2	1	7	6	4
1	4	8	6	7	5	2	3	9
6	7	2	4	9	3	5	1	8
4	6	9	1	3	7	8	5	2
7	2	1	5	4	8	3	9	6
8	3	5	9	6	2	1	4	7

Grid 5

2	4	7	3	1	8	5	9	6
9	8	6	5	7	2	3	1	4
1	3	5	6	4	9	2	7	8
5	9	8	2	6	1	4	3	7
6	2	4	8	3	7	1	5	9
7	1	3	9	5	4	6	8	2
4	6	1	7	8	5	9	2	3
8	5	2	4	9	3	7	6	1
3	7	9	1	2	6	8	4	5

Grid 6

9	7	4	8	6	1	5	2	3
3	8	6	5	2	7	4	9	1
1	5	2	9	4	3	6	7	8
4	2	9	7	1	5	3	8	6
7	1	3	4	8	6	2	5	9
8	6	5	2	3	9	7	1	4
5	4	7	6	9	8	1	3	2
2	3	8	1	7	4	9	6	5
6	9	1	3	5	2	8	4	7

Grid 1

6	3	7	2	4	1	5	9	8
1	8	5	3	9	7	6	2	4
2	9	4	6	5	8	1	7	3
4	5	1	9	8	3	2	6	7
9	2	8	1	7	6	4	3	5
7	6	3	4	2	5	8	1	9
3	4	9	8	6	2	7	5	1
8	7	2	5	1	9	3	4	6
5	1	6	7	3	4	9	8	2

Grid 2

5	1	4	8	7	9	3	2	6
8	2	3	1	4	6	5	7	9
9	6	7	3	5	2	8	4	1
2	9	5	7	6	4	1	8	3
3	4	1	5	9	8	2	6	7
6	7	8	2	1	3	4	9	5
1	8	2	9	3	7	6	5	4
7	3	6	4	2	5	9	1	8
4	5	9	6	8	1	7	3	2

Grid 3

8	4	7	5	2	1	3	6	9
9	3	1	8	6	4	7	2	5
5	2	6	7	3	9	8	4	1
6	8	4	9	5	3	1	7	2
3	1	9	2	7	8	6	5	4
2	7	5	4	1	6	9	3	8
7	6	8	1	4	5	2	9	3
4	9	2	3	8	7	5	1	6
1	5	3	6	9	2	4	8	7

Grid 4

5	1	8	6	4	2	7	9	3
6	3	7	9	5	1	2	4	8
2	4	9	7	8	3	5	1	6
8	7	5	4	3	9	6	2	1
9	6	4	1	2	8	3	7	5
1	2	3	5	6	7	4	8	9
3	8	1	2	7	5	9	6	4
7	9	6	3	1	4	8	5	2
4	5	2	8	9	6	1	3	7

Grid 5

8	2	6	4	3	1	9	7	5
7	1	3	9	2	5	6	8	4
5	9	4	8	6	7	1	2	3
9	8	1	5	4	2	3	6	7
2	6	7	3	1	9	4	5	8
4	3	5	6	7	8	2	9	1
6	7	2	1	8	4	5	3	9
1	5	8	2	9	3	7	4	6
3	4	9	7	5	6	8	1	2

Grid 6

2	5	3	7	4	1	8	9	6
7	6	4	5	9	8	1	3	2
8	1	9	6	3	2	5	4	7
3	7	6	4	1	5	2	8	9
4	9	1	2	8	7	3	6	5
5	2	8	3	6	9	7	1	4
6	3	7	8	2	4	9	5	1
1	8	2	9	5	6	4	7	3
9	4	5	1	7	3	6	2	8

6	4	8	3	1	9	5	7	2
7	2	5	8	6	4	1	3	9
9	1	3	2	7	5	4	8	6
3	9	7	4	5	6	2	1	8
4	8	2	1	3	7	6	9	5
1	5	6	9	8	2	7	4	3
5	7	9	6	4	8	3	2	1
2	6	1	7	9	3	8	5	4
8	3	4	5	2	1	9	6	7

9	6	4	5	8	1	3	7	2
2	1	5	7	4	3	9	8	6
8	7	3	2	9	6	1	5	4
7	2	9	1	3	5	6	4	8
5	4	6	8	2	9	7	3	1
3	8	1	4	6	7	2	9	5
4	9	7	6	1	8	5	2	3
1	3	8	9	5	2	4	6	7
6	5	2	3	7	4	8	1	9

3	5	8	6	9	1	4	7	2
4	9	6	8	7	2	1	3	5
7	1	2	4	3	5	8	6	9
1	4	5	3	6	9	7	2	8
9	8	7	1	2	4	3	5	6
6	2	3	7	5	8	9	4	1
8	7	4	2	1	6	5	9	3
2	3	9	5	8	7	6	1	4
5	6	1	9	4	3	2	8	7

1	3	2	5	4	7	8	6	9
6	8	7	2	1	9	5	3	4
4	9	5	8	3	6	1	7	2
9	6	1	4	5	3	2	8	7
5	7	3	6	8	2	4	9	1
8	2	4	9	7	1	6	5	3
7	5	6	1	9	4	3	2	8
3	1	8	7	2	5	9	4	6
2	4	9	3	6	8	7	1	5

7	3	9	5	1	2	8	4	6
6	2	4	8	3	9	5	7	1
8	5	1	4	7	6	3	2	9
5	8	7	6	4	3	9	1	2
1	9	3	2	8	7	6	5	4
4	6	2	1	9	5	7	8	3
9	4	8	7	6	1	2	3	5
2	1	6	3	5	8	4	9	7
3	7	5	9	2	4	1	6	8

9	2	8	4	3	7	6	5	1
3	4	6	5	2	1	9	8	7
1	5	7	6	8	9	3	2	4
2	1	4	3	7	8	5	9	6
7	9	5	2	6	4	8	1	3
8	6	3	1	9	5	7	4	2
6	7	9	8	1	2	4	3	5
5	3	2	9	4	6	1	7	8
4	8	1	7	5	3	2	6	9

2	5	7	4	8	1	6	3	9
8	4	6	2	9	3	5	7	1
9	3	1	7	5	6	8	4	2
5	2	8	1	3	7	4	9	6
3	1	9	8	6	4	7	2	5
7	6	4	9	2	5	1	8	3
1	7	5	3	4	2	9	6	8
6	9	3	5	7	8	2	1	4
4	8	2	6	1	9	3	5	7

2	9	7	4	5	3	1	6	8
4	3	8	1	6	9	5	7	2
5	1	6	8	7	2	9	3	4
8	2	3	5	9	4	6	1	7
6	4	1	3	8	7	2	9	5
9	7	5	6	2	1	8	4	3
1	5	9	7	3	8	4	2	6
3	6	2	9	4	5	7	8	1
7	8	4	2	1	6	3	5	9

1	6	2	9	3	5	8	7	4
8	7	5	6	4	2	1	9	3
3	4	9	8	1	7	2	5	6
6	8	3	7	2	9	4	1	5
4	9	7	3	5	1	6	2	8
5	2	1	4	8	6	7	3	9
9	1	6	5	7	8	3	4	2
7	3	8	2	9	4	5	6	1
2	5	4	1	6	3	9	8	7

8	1	6	7	4	3	9	2	5
4	5	9	2	8	1	3	6	7
2	7	3	5	6	9	1	8	4
5	9	8	4	1	6	2	7	3
1	4	2	8	3	7	5	9	6
3	6	7	9	2	5	4	1	8
7	3	5	1	9	8	6	4	2
9	8	4	6	5	2	7	3	1
6	2	1	3	7	4	8	5	9

8	1	4	9	3	7	2	5	6
9	6	3	2	8	5	1	7	4
5	7	2	6	1	4	9	8	3
7	8	9	5	2	3	6	4	1
1	4	6	7	9	8	3	2	5
2	3	5	1	4	6	7	9	8
4	2	8	3	7	1	5	6	9
3	5	7	8	6	9	4	1	2
6	9	1	4	5	2	8	3	7

1	5	8	2	7	3	9	6	4
2	3	4	1	6	9	8	5	7
6	9	7	5	8	4	1	2	3
9	2	5	6	1	7	4	3	8
3	7	1	8	4	2	5	9	6
4	8	6	3	9	5	7	1	2
5	4	2	9	3	8	6	7	1
7	1	3	4	5	6	2	8	9
8	6	9	7	2	1	3	4	5

9	8	6	2	4	1	3	5	7
4	7	2	9	3	5	6	1	8
1	5	3	7	8	6	2	9	4
6	9	8	4	5	2	7	3	1
5	2	1	8	7	3	4	6	9
3	4	7	1	6	9	5	8	2
2	1	5	3	9	4	8	7	6
8	6	9	5	2	7	1	4	3
7	3	4	6	1	8	9	2	5

4	3	5	1	9	7	2	8	6
2	7	1	8	3	6	4	5	9
8	9	6	2	4	5	7	1	3
6	8	2	4	5	9	3	7	1
9	1	3	6	7	8	5	2	4
7	5	4	3	2	1	9	6	8
3	6	7	5	8	4	1	9	2
5	2	8	9	1	3	6	4	7
1	4	9	7	6	2	8	3	5

6	1	8	4	9	7	2	5	3
9	7	3	2	5	1	8	6	4
2	5	4	8	3	6	7	9	1
7	4	9	6	8	5	3	1	2
5	2	1	3	7	4	9	8	6
3	8	6	1	2	9	5	4	7
8	6	5	7	1	2	4	3	9
1	3	2	9	4	8	6	7	5
4	9	7	5	6	3	1	2	8

6	2	1	3	7	8	9	5	4
8	5	4	9	2	6	3	1	7
3	9	7	4	1	5	8	6	2
5	4	8	7	6	9	1	2	3
9	1	3	2	8	4	5	7	6
7	6	2	1	5	3	4	9	8
1	8	6	5	3	7	2	4	9
4	7	5	8	9	2	6	3	1
2	3	9	6	4	1	7	8	5

6	8	3	4	2	7	5	1	9
2	9	1	6	5	8	4	7	3
5	4	7	3	1	9	8	2	6
1	3	9	2	8	5	6	4	7
4	2	5	9	7	6	1	3	8
8	7	6	1	4	3	2	9	5
7	1	8	5	9	2	3	6	4
9	6	2	8	3	4	7	5	1
3	5	4	7	6	1	9	8	2

1	7	4	6	3	8	5	9	2
3	6	5	9	2	1	4	8	7
9	8	2	5	7	4	1	6	3
2	4	6	8	1	7	9	3	5
5	9	8	3	6	2	7	1	4
7	1	3	4	5	9	6	2	8
4	5	1	2	9	3	8	7	6
8	2	7	1	4	6	3	5	9
6	3	9	7	8	5	2	4	1

1	9	8	5	2	7	3	4	6
3	4	2	9	6	1	8	7	5
6	5	7	3	8	4	1	9	2
4	6	3	1	5	9	7	2	8
5	2	1	8	7	3	4	6	9
7	8	9	2	4	6	5	3	1
9	7	4	6	1	8	2	5	3
8	3	5	7	9	2	6	1	4
2	1	6	4	3	5	9	8	7

5	6	9	1	2	7	3	4	8
8	7	4	5	3	9	6	2	1
2	1	3	4	6	8	9	7	5
9	5	8	2	7	3	4	1	6
3	2	6	8	1	4	7	5	9
7	4	1	9	5	6	2	8	3
1	9	5	3	4	2	8	6	7
6	8	2	7	9	5	1	3	4
4	3	7	6	8	1	5	9	2

5	3	7	4	6	8	1	2	9
9	1	8	5	3	2	7	6	4
6	2	4	9	7	1	3	8	5
3	7	6	8	4	9	2	5	1
2	4	5	3	1	6	8	9	7
1	8	9	7	2	5	6	4	3
7	5	1	6	8	4	9	3	2
8	9	3	2	5	7	4	1	6
4	6	2	1	9	3	5	7	8

7	4	9	8	5	2	3	6	1
8	3	6	1	9	4	2	7	5
2	5	1	6	3	7	8	4	9
4	2	8	3	7	5	9	1	6
6	9	7	4	1	8	5	2	3
5	1	3	9	2	6	4	8	7
1	6	2	5	8	3	7	9	4
3	7	4	2	6	9	1	5	8
9	8	5	7	4	1	6	3	2

7	8	3	2	9	1	5	6	4
5	4	9	7	6	8	3	1	2
6	2	1	3	5	4	8	9	7
8	6	4	9	7	2	1	5	3
1	5	2	8	4	3	9	7	6
9	3	7	6	1	5	4	2	8
2	9	5	4	3	7	6	8	1
4	1	8	5	2	6	7	3	9
3	7	6	1	8	9	2	4	5

9	8	1	3	5	7	6	2	4
4	5	6	2	9	8	3	1	7
7	2	3	4	6	1	9	8	5
2	7	4	1	3	5	8	6	9
3	9	8	7	4	6	1	5	2
6	1	5	8	2	9	4	7	3
5	6	7	9	8	3	2	4	1
8	4	9	5	1	2	7	3	6
1	3	2	6	7	4	5	9	8

Grid 1

5	3	1	4	8	2	9	7	6
8	6	9	7	5	3	2	4	1
4	2	7	6	9	1	3	8	5
1	4	2	9	6	7	8	5	3
9	7	6	8	3	5	4	1	2
3	5	8	1	2	4	6	9	7
2	8	3	5	1	9	7	6	4
6	1	4	2	7	8	5	3	9
7	9	5	3	4	6	1	2	8

Grid 2

6	9	5	2	1	3	4	8	7
1	7	4	6	8	5	3	2	9
8	2	3	7	9	4	5	1	6
7	6	9	8	4	2	1	3	5
3	4	2	1	5	9	7	6	8
5	8	1	3	7	6	2	9	4
2	3	7	5	6	8	9	4	1
9	5	6	4	2	1	8	7	3
4	1	8	9	3	7	6	5	2

Grid 3

8	1	7	2	6	5	9	3	4
2	4	6	3	1	9	8	7	5
9	5	3	8	7	4	1	2	6
4	6	5	1	2	3	7	9	8
7	2	1	9	4	8	6	5	3
3	9	8	6	5	7	4	1	2
6	3	4	5	9	1	2	8	7
5	7	9	4	8	2	3	6	1
1	8	2	7	3	6	5	4	9

Grid 4

4	5	2	8	3	9	6	7	1
7	3	9	1	4	6	5	8	2
8	1	6	7	5	2	3	9	4
3	2	8	4	6	1	9	5	7
6	7	5	2	9	8	4	1	3
1	9	4	5	7	3	2	6	8
2	6	7	3	1	5	8	4	9
5	8	1	9	2	4	7	3	6
9	4	3	6	8	7	1	2	5

Grid 5

5	6	9	2	4	1	3	7	8
7	4	3	9	6	8	5	2	1
1	2	8	7	3	5	4	9	6
4	3	6	1	7	2	8	5	9
8	1	5	3	9	4	7	6	2
2	9	7	8	5	6	1	4	3
6	7	2	5	8	3	9	1	4
3	5	4	6	1	9	2	8	7
9	8	1	4	2	7	6	3	5

Grid 6

9	2	6	3	5	4	7	8	1
5	3	8	9	7	1	4	6	2
4	7	1	6	2	8	9	5	3
1	8	3	2	9	7	6	4	5
7	9	5	4	1	6	2	3	8
2	6	4	5	8	3	1	7	9
3	5	7	1	4	2	8	9	6
6	4	2	8	3	9	5	1	7
8	1	9	7	6	5	3	2	4

Grid 1

4	5	3	9	7	2	6	1	8
7	9	6	4	8	1	3	5	2
8	2	1	5	3	6	4	7	9
3	1	5	6	9	4	2	8	7
6	8	4	1	2	7	5	9	3
9	7	2	3	5	8	1	6	4
5	6	7	8	4	3	9	2	1
2	4	9	7	1	5	8	3	6
1	3	8	2	6	9	7	4	5

Grid 2

8	4	2	7	3	1	9	5	6
7	3	9	4	5	6	1	8	2
6	1	5	8	9	2	4	3	7
9	7	1	5	4	8	2	6	3
3	6	4	1	2	7	8	9	5
2	5	8	3	6	9	7	4	1
5	8	6	2	7	4	3	1	9
4	2	3	9	1	5	6	7	8
1	9	7	6	8	3	5	2	4

Grid 3

6	7	5	9	2	1	8	4	3
2	9	4	7	3	8	1	6	5
1	3	8	4	6	5	7	9	2
7	1	9	6	4	2	5	3	8
3	5	2	1	8	9	6	7	4
8	4	6	3	5	7	2	1	9
4	2	1	5	9	6	3	8	7
5	6	3	8	7	4	9	2	1
9	8	7	2	1	3	4	5	6

Grid 4

2	7	8	4	6	5	3	9	1
1	4	3	7	2	9	6	5	8
9	6	5	1	8	3	4	7	2
5	2	6	8	1	7	9	4	3
4	9	7	5	3	2	1	8	6
3	8	1	9	4	6	5	2	7
6	5	9	2	7	1	8	3	4
8	3	2	6	9	4	7	1	5
7	1	4	3	5	8	2	6	9

Grid 5

1	9	5	7	6	3	2	8	4
6	8	2	4	5	9	7	3	1
7	4	3	1	8	2	6	9	5
9	6	8	3	4	1	5	7	2
4	5	7	6	2	8	3	1	9
2	3	1	9	7	5	4	6	8
5	7	9	2	1	6	8	4	3
3	2	4	8	9	7	1	5	6
8	1	6	5	3	4	9	2	7

Grid 6

2	5	4	7	3	1	6	8	9
8	7	6	9	5	4	3	1	2
1	9	3	8	2	6	5	7	4
6	3	2	1	8	7	4	9	5
7	8	9	4	6	5	2	3	1
4	1	5	3	9	2	7	6	8
9	6	8	2	4	3	1	5	7
5	4	1	6	7	9	8	2	3
3	2	7	5	1	8	9	4	6

www.ingramcontent.com/pod-product-compliance
Lightning Source LLC
Chambersburg PA
CBHW030523220526
45463CB00007B/2698